云南名特药材种植技术丛书

玛咖

Maka 《云南名特药材种植技术丛书》编委会 编

云南出版集团公司

云南科技出版社

·昆　明·

图书在版编目（CIP）数据

玛咖/《云南名特药材种植技术丛书》编委会编
. —昆明:云南科技出版社,2015.4
（云南名特药材种植技术丛书）
ISBN 978 – 7 – 5416 – 8961 – 1

Ⅰ.①玛… Ⅱ.①云… Ⅲ.①十字花科 – 药用植物 –
栽培技术 Ⅳ.①S567.23

中国版本图书馆 CIP 数据核字（2015）第 073484 号

责任编辑：唐坤红
　　　　　李凌雁
　　　　　洪丽春
责任校对：叶水金
责任印制：翟　苑
封面设计：余仲勋

云南出版集团公司
云南科技出版社出版发行
（昆明市环城西路609号云南新闻出版大楼　邮政编码：650034）
云南灵彩印务包装有限公司印刷　全国新华书店经销
开本：850mm×1168mm　1/32　印张：2.25　字数：56千字
2015年4月第1版　　2018年4月第2次印刷
定价：15.00元

序

　　彩云之南自然环境多样，地理气候独特，孕育着丰富多样的天然药物资源，"药材之乡"的美誉享于国内外。

　　云药资源优势转变为产业优势的发展特色突出，亦带动了生物产业的不断壮大。当下，野生药用资源日渐紧缺，采用人工繁育种植方式来满足医疗保健及产业可持续发展大势所趋。丛书选择了天麻、灯盏细辛、当归、石斛、木香、秦艽、续断等云南名特药材，特别是目前野生资源紧缺，市场需求较大的常用品种，以种植技术和优质种源为重点内容加以介绍，汇集种植生产第一线药农的实践经验，病虫害防治方法等，凝聚了科研人员的研究成果。该书采用浅显的语言进行了论述，通俗易懂。云南中医药学会名特药材种植专业委员会编辑成的该套丛书，对于云南中药材规范化、规模化种植具有一定指导意义，为改善和提高山区少数民族群众收入提供了一条重要的技术途径。愿本套丛书能够对推动我省中药种植生产事业发展有所收益，此序。

云南中医药学会名特药材种植专业委员会

名誉会长

目　录

第一章　概　述…………………………………………　1

　第一节　玛咖的历史………………………………………2

　第二节　玛咖种植及市场动态……………………………5

第二章　玛咖的来源与同属植物形性鉴别……………　8

　第一节　来源与分布环境………………………………　8

　第二节　同属植物形态与性状特征………………　12

　第三节　玛咖的质量与标准规格…………………　16

第三章　玛咖的种植与管理………………………　19

　第一节　玛咖的种苗繁育………………………　19

　第二节　移植与田间管理………………………　23

　第三节　采收加工………………………　28

　第四节　病虫害防治………………………　30

第四章　玛咖的化学成分与药理研究简述…………　39

　第一节　玛咖化学成分研究………………　40

　第二节　玛咖的药理研究………………　45

第五章 应用与开发 ································· 53

　第一节 玛咖的加工规格 ················· 53

　第二节 玛咖的产品种类 ················· 55

　第三节 玛咖的应用 ····················· 56

主要参考文献 ································· 58

第一章 概 述

玛咖是近年来兴起，让人们关注的，一种十分珍贵

的药食植物，为十字花科独行菜属的一种高山植物。21世纪初，玛咖在我国云南西北部的高海拔地区开始种植，由于其生物学特性与我国西南、西北的高寒山区的高海拔地区十分相似，非常适宜生长于这里的高寒山区。加上现代

农业科学技术的利用，在繁、育、种植、收获、储存、加工等方面都得以提升，很快在我国西南、西北的高寒山区生根开花，种植面积已达数万亩，其产品进入千家万户及国外，也诞生了以玛咖为主要原料的保健品行业，成为亚健康人群的福星。

第一节 玛咖的历史

据史书记载，人类食用玛咖已有五千多年的历史。她是高原山区人们的重要食物来源之一。当时这些高海拔地区，荒凉贫瘠寸草不生，但这里生长蕴育着一种神奇的植物，当人们在饥渴难耐时用其膨大根来果腹，发现具有增强体力和耐力，缓解身体疲劳的作用，同时还具有增强性能力和生育能力的作用。玛咖在南美的种植在16~17世

纪，从南美北部的委内瑞拉到南部的阿根廷都有广泛的栽培；后来由于战争等原因，许多掌握玛咖种植技术的印加人向海边迁移，种植区域仅分布于秘鲁基宁（Jinin）和帕斯科（Pasco）地区的"Suni"和"Puna"的生态区；那里为秘鲁安第斯山区中部，海拔3500～4450m。历史上玛咖一度几乎

濒临绝种，到20世纪早期，玛咖种植面积日渐减少，在原产地仅有少量的种植面积，被国际上列为濒危植物。

我国商业化栽培是自从20世纪80年代以后，对其化学成分、药理作用、临床观察的研究结果不断清晰而逐步扩大的。特别是1982年，在联合国粮农组织（FAO）和国际植物遗传资源研究所（IPGRI）等的努力推动下，逐渐认识到玛咖是一种营养丰富的安全食物，可以解决多种健康问题；玛咖这种珍贵的植物由此而得以逐步推广。

21世纪初，我国在西南、西北的高寒山区开始引种栽培。经过多年试验和研究，利用现代先进育苗技术与栽培管理方式，形成了大面积规模化栽培，从玛咖的科学种植到产品的研发等多方面都取得了产业化丰硕成果。

第二节　玛咖种植及市场动态

由于玛咖需要生长在高海拔恶劣环境中，其生物学特性就是要利用大地复苏这有限的夏秋季不长的周期，完成植物一生的生命周期。在一百天左右时间内，从细小的种子到植物经济器官的形成，需要吸取土壤中大量的养分，供其在有限的生长时间内根茎快速膨大增长形成圆球形。原始耕作情况下，玛咖根采收后的土地需要休耕数年才能重新种植，只能采取轮作的方式栽培种植，这些都增加了玛咖的种植难度，使玛咖种植栽培长期处于较原始的状态。

中国农科人员通过近10年的试种，逐步掌握了玛咖的习性，基本解决了种植技术问题，包括育种、选种、育苗、移栽、大田规范化种植、有机种植管理等技术，为大幅提升产量奠定基础。又花了2年时间掌握了规模化、规范化种植技术，玛咖产业在最近3年才开始进入产业化开发阶段。玛咖成为云南西北部生物产业中具有规模化优势特色的新兴产业之一。

云南省有关部门将玛咖产业确定为实施高原特色农业开发的重要内容，从玛咖的科学种植、采收、生产加工等环节进行全方位科学研究。云南的迪庆、昭通、曲靖、昆明、大理等州市的部分高海拔地区，都有玛咖种植。目前，玛咖在我国的西藏、新疆、青海、四川等地也有种植，但云南的产量占到全国总量的90%以上，让南美洲的

玛咖逐步走进寻常百姓家。

据了解，20世纪80年代，联合国基因资源协会将玛咖列为濒危物种；同时，联合国粮农组织建议具备条件的国家推广种植玛咖。秘鲁、美国、加拿大、日本、澳大利亚和欧洲等国家和地区均有玛咖生产，已开发出各种高附加值的绿色食品、保健营养品和新型生物药品，我国开发研制的玛咖系列产品已经赶上了这些先进国家的科研生产步伐。

第二章 玛咖的来源与同属植物形性鉴别

第一节 来源与分布环境

玛咖（Maca）为十字花科（Cruciferae）独行菜属（*Lepidium meyenii*）玛咖（*MACA Lepidium meyenii* Walp）的卵圆球形根茎。一、二年生草本植物。在我国多读为"玛咖"，也有音译"玛卡""马卡""玛嘎""马甲""迈卡"甚至"蛮哥"等，经过订正，官方用词为"玛咖"。

近年来，在中国云南省丽江市境内的玉龙雪山、老君山和迪庆州的哈巴雪山、白茫雪山及新疆帕米尔高原等地有规模化种植栽培，昆明市境内的轿子雪山、曲靖的会泽等地也有零星栽培。香格里拉虎跳峡镇的哈巴雪山与丽江玉龙雪山隔

江相望，就似一对互望的情侣，此地区属于青藏高原东南缘，气候环境最适宜玛咖的生长发育，这里分布着最边远的海洋性冰川。气候雪线在海拔5000m左右，地形雪线大约为4000～4500m。这些雪山主峰附近发育有悬冰川，比如玉龙雪山海拔4500～5000m左右的高度则分布有冰斗冰川，现冰川总计有19条，总面积11.61km²。此外，玉龙雪山、哈巴雪山、白茫雪山等还有众多的古冰川遗迹，其中

包括主峰扇子陡下面的干河坝。干河坝谷底谷口，朝向西南，阳光充足温差大，海拔3000m以上，两侧灰岩陡壁相对高差达1000m以上，是典型的青藏高原横断山余脉的大型冰川河谷，有着高品质玛咖生长所需要的特殊环境和气候。玛咖的生境要求海拔3000m以上，气候特殊而土地肥沃，昼夜温差达40℃以上。这样的地方在全世界都很少见，只有在中国的云贵高原和青藏高原过渡地区具备这样的条件。

全球范围可以种植高品质玛咖的土地面积有限，而且在这些有限的土地里种一次玛咖（MACA）后，土地需要休养数年用以恢复肥力，否则此土地继续耕种易出现病虫害及营养成分较低。虽然美国和日本等国家已经引种成功，但主要以科学研究为主。具备这样环境条件的种植地为高海拔山区，土地不平整，没有办法机械化作业，劳动力费用相当大，所以没有大规模种植。

由于高品质玛咖（MACA）生长条件要求非常特殊苛刻，高海拔、低纬度而且要求土地肥沃，这样的地方全世界都非常罕见，具备这种条件的地方也不能实现机械化种植，所以玛咖的亩产量极低，基本无法满足人们的需求。

与其他普通农作物不同的是，玛咖（MACA）是一种半野生植物，需要在肥沃的土壤里生长，后期管理过程中不可施加化学高浓度肥料。海拔4000m以上的特殊条件下，几乎是生命禁区，用不着使用化学药剂杀虫，因为叶面吸收能力很强，也无法使用化学药剂除草，种植、收获全过程完全使用人工，而且在这种人迹罕至的地方，也没有其他的工业污染，因此这是一种真正的天然无公害的

绿色食品。此外，玛咖（MACA）被当地居民食用了几千年，从来没有上瘾或药物依赖的临床表现，所以食用玛咖（MACA）或者玛咖产品是安全的。

第二节　同属植物形态与性状特征

玛咖为十字花科独行菜属（*Lepidium*）的一种高山植物，独行菜属植物全世界有150多种，分布广泛；我国有17种1个变种，全国各地都有分布。如：头花独行菜 *L.capitatum* 分布于云南、四川、西藏等地；家独行菜 *L. sativum* 分布于西藏、新疆、黑龙江等地；心叶独行菜 *L.cordatum* 分布于新疆、青海、内蒙古等地；玛咖 *L.meyenii* 分布于云南、新疆、西藏等地。玛咖种植于云南西北部的高海拔地区和新疆帕米尔高原，原因是因为这里有适宜原生种的生长环境气候。

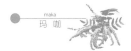

独行菜属为一年生至多年生草本或半灌木，常具单毛；叶楔状钻形至宽椭圆形，全缘或具锯齿至羽状深裂，有叶柄或深心形抱茎；花微小，排成总状花序；萼片长圆形，基部不成囊状；花瓣白色，少数带粉红色，比萼片短，有时退化或无；雄蕊6，常退化成2或4；短角果卵形、倒卵形、圆形或椭圆形，有窄隔膜，顶端有翅或无翅；种子卵形或椭圆形，无翅或有翅，子叶背倚胚根。据《中华本草》记载全国独行菜属（*Lepidium*）药用植物有4种1个变种，它们分别是独行菜（葶苈）*Lepidium apetalum* Willd，琴叶葶苈*Lepidium virginicum* L，辣芥（宽叶葶苈）*Lepidium latifdium* L，紫花芥子 *Lepidium apetalum* Willd，家独行菜*Lepidium apetalum* Willd。《云南种子植物名录》记载独行菜属植物云南有3种，它们分别为独行菜*Lepidium apetalum* Willd，头花独行菜*Lepidium capitatum*

Hook.f.et Thoms和华西独行菜*Lepidium cuneiforme* C. Y. Wu ex。本属药用植物主要用于泻肺降气、祛痰平喘、利水消

肿、清热止血、泄热燥湿等证。

　　玛咖为一年至两年生草本，植株高12～20cm。根的

上端膨大成倒圆锥形，表面为黄色、微黄色、白色、红色、紫色至黑色；茎短，匍匐或直立生长。茎单一，变态根茎为圆球形或卵圆球形，中部（最宽处）直径

4～8cm；叶草质至纸质，叶片20～50，线形至椭圆形，羽状深裂具叶柄，长12～25cm，宽4～8cm。呈玫瑰花形排列，有平坦的肉质叶柄。总状花顶生，每个花序主轴上大约有13个次级枝，每枝有小花50～70朵，每花序约1000朵小花；总状花序无苞片、顶生及腋生，每朵花有4个萼

片，萼片长方形或线状披针形，稍凹；基部不成囊状，具白色或红色边缘，花瓣白色，少数带粉红色或微黄色，线形或匙形，比萼片短，退化或无。雄蕊6，退化成2或4；花柱短或不存，柱头头状，有时稍2裂；子房椭圆形，有2胚珠，短角果卵形、倒卵形、圆形或椭圆形，开裂，有窄隔膜，长4～5mm，果瓣有龙骨样突起，或上部稍有翅2室，种子成熟裂开后有两个龙骨形的空腔，每室内一粒种子。种子呈椭圆形，长2～2.5mm。微红灰色，叶背倚胚根。花期3～5月，果期4～6月。

独行菜属（*Lepidium*）最常见的植物特点是：常具单毛、腺毛、柱状毛；茎单一或多数，分枝。叶草质或纸质，线状钻形至宽椭圆形，全缘、锯齿缘至羽状深裂，有叶柄，或基部深心形抱茎。现将本属常见的几种植物特征检索如下：

（1）短角果顶端有翅，翅增厚并和花柱下部连合；花柱比翅长……厚翅组。本组有1种，绿独行菜。

（2）短角果卵形无翅或有翅，翅大多和花柱离生。

（3）短角果顶端有翅，凹陷；花柱比凹陷短或长，和翅基部稍合生；花发育正常；子叶多3裂……具瓣组。本组有家独行菜。

（4）短角果顶端有翅，花柱比凹陷短；花发育不完全（花瓣退化或无，雄蕊2或4）；子叶不裂……少蕊组。本组有玛咖、心叶独行菜、碱独行菜、全缘独行菜、宽叶独行菜、光果独行菜、钝叶独行菜、抱茎独行菜、头花独行菜、楔叶独行菜、北美独行菜、柱毛独行菜、密花独行菜、独行菜、阿拉善独行菜。

第三节 玛咖的质量与标准规格

玛咖是我省西北部（大香格里拉）地区近年引进和推广的一个生物产业品种。国家卫生部于2011年5月18日将其确定为新资源食品，纳入食品范畴管理，但是，一般性的食品卫生安全标准，没有能反映玛咖功能性成分含量情况的特征性指标，致使相关部门无法对品种选育、产品质量、产品加工销售等方面进行有效的监管，对玛咖产业

的健康、持续发展带来了一定的隐患。为了解决这一问题，近年来，丽江市生物资源开发创新办与中国科学院相关专家合作，积极研究玛咖质量标准和检测技术，为制定玛咖产业云南省地方标准打下了坚实的基础。

玛咖的性状特征：圆球形或卵圆球形，上端有凸突的大型叶柄残基，下端见1～3条根或根痕，表面有皱缩斑纹，在须根痕

周围附着绒毛。表面色泽黄玛咖为黄白色到棕黄色，紫玛咖为紫色、紫红色，黑玛咖为紫黑色。断面黄白色，中间有圆形深黄色斑块，周围分布大小不等色泽较深的斑点。气特异，味甘微辛辣。

玛咖干片的性状特征：为不规则的纵切片，上宽下窄，长1.5～6.0cm，宽1.0～4.0cm，厚2～5mm，表面黄白色，切开面黄白色至黄棕色，有纵向脉纹（导管），质坚而脆。气特异，味甘微辛辣。

干果比鲜果容易造假。假玛咖干果主要采用的还是芜菁。芜菁的含水量大大高于玛咖，因此芜菁干果表面的褶皱明显多于玛咖干果，且褶皱较深，有时会开裂。但如果采用冻干的方法，这个区别就不是很明显了。制作精良的芜菁冻干果基本可以以假乱真。

玛咖按照品相和表皮色泽可以分为黑玛咖、紫玛咖和黄玛咖（包括白玛咖）。其中玛咖烯、玛咖酰胺、维生素和氨基酸等核心指标的含量，黑玛咖显著高于紫玛咖，紫玛咖显著高于黄玛咖。相应的黑玛咖的生长条件最为苛刻，产出也最少，紫玛咖次之。故黑玛咖最珍贵，产量一般占3%～5%；紫玛咖占10%～15%。

目前，有人认为：黑玛咖和紫玛咖的营养成分显著优于黄玛咖，也更加稀缺，显得珍贵，价格相差很大。我们认为：黑玛咖、紫玛咖和黄玛咖除表皮颜色各异以外，气味，成分等没有根本性区别，没必要刻意追求。因此，少数商家为了让黄玛咖能卖黑玛咖和紫玛咖的价格，不惜绞尽脑汁将黄玛咖染成黑色和紫色，以蒙骗消费者。染色的黑玛咖和紫玛咖的特点是：颜色不自然、不均匀，缺乏光泽度，很多见水就会掉色，应加以区别。

第三章　玛咖的种植与管理

第一节　玛咖的种苗繁育

1.1　种苗的繁育方法

1.1.1　苗盘育苗

苗盘培育优点是易于管理，移栽后种苗需要恢复的时间短，成活率高；需要搭建遮阴大棚，保温保湿，种苗出苗整齐，可进行规模化培育。现产区多选用此法繁育种苗。

1.1.2　苗床育苗

苗床育苗占地少、费用低、易管理，但移栽后种苗需要恢复的时间长，成活率较低。

1.1.3 地播（直播）

直播植株根系好，但前期管理费工，出苗不整齐，成活率最低，浪费种子。

1.1.4 组织培养

虽然玛咖是自花授粉植物，但由于种子来源类型过杂，种子播种后代玛咖品质不一，所以选择优良单株进行组培快繁，培养优良的无性系也是当前商品化栽培的一条途径。但由于科技含量太高，从繁育成本等方面难以实现推广。

1.2 玛咖苗棚地的选择与搭建

苗床应选择在背风向阳、地势平缓、排灌方便的位置搭建遮阴保温保湿棚。大棚高度在2.8～3m，长度可依据地形而定，宽度一般5～6m，用新塑料大棚薄膜覆盖，上面加盖一层80%遮阴网。

1.3 种子的处理

玛咖种子由于地理环境不同、种植地不同，播种也应该选择不同的时间播种，种子在处理前应选取饱满、有光泽，头年的种子；播前用25～30℃温水浸种24小时，再用300倍福尔马林液浸种15分钟消毒杀菌后用清水冲洗干净，晾干水分后播种；播撒及地播时应拌入细土或细沙后播种，这样可使种子播种较为均匀。

1.4 营养土的处理

1.4.1 营养土准备

选择温室大棚营养盘育苗营养土是关键。

选择（1）山基土、羊粪，腐熟发酵后成为腐殖土，喷甲基托布津1000倍液对营养土进行消毒；（2）草煤15%，腐殖土85%，加适量的磷，复合肥；粉碎，装盘。

1.4.2 种子处理

选取饱满、有光泽的种子，播前用25～30℃温水浸种24小时，再用福尔马林300倍液浸种15分钟杀菌，用清水冲洗干净，晾干水分拌细土播种。

1.4.3 播种方法

5月初，将拌细土的种子均匀地撒播在营养盘上，每盘1500株左右，其后在盘面上再覆盖一层营养土，浇足底水，注意大棚温湿情况，适时通风，选择傍晚浇水。

1.4.4 苗床管理

视墒情适时浇水，催芽出苗，一般一周左右出苗。种子一般在2～8℃就开始萌发，种子发芽适合温度为18～25℃。播撒及地播时应拌入细土或细沙后播种，这样可使种子播种较为均匀。

1.4.5 苗期管理

经过处理后的玛咖种子萌发及苗期最适温度为18～25℃，在此温度之间，种子2～3天开始发芽，40～45天开始出现10～12片真叶；苗高8～10cm时可以移植，成活率较高。

第二节 移植与田间管理

2.1 整地

种植地应选择未种过十字花科作物、肥力一般的沙壤土，不宜用菜园及肥力较高的地块种植。大田定植前土壤应在上一年12月前进行耕翻，并细碎土壤，一般栽植前耕翻2次，最后一次耕翻前，每亩施腐熟优质农家肥2.5~3t、普钙50~100kg作基肥，均匀撒在地表，耕翻时埋入土中，耙平后按1.8~2m宽开沟做成阳畦待栽。

2.2 移栽定植

6月中旬至下旬，出现10～12片真叶时，带土移栽。取苗前1天苗床适当浇水，取苗时尽量带土移栽。采用拉线挖塘移栽，株行距17cm×30cm，每塘1～2株，每亩11000～15000株，移栽时苗的根部压实，看天气适当浇定根水。

2.3　移栽定植时间

　　根据我省西北部（大香格里拉）地区实际情况，海拔在3000m以上地区，移栽必须在7月10日前完成。否则会直接影响玛咖生长周期，到10月下旬气温下降时，玛咖根部膨大增长尚未完全形成圆球形，将直接影响产量。在海拔2800m左右，移植期限可延长或推后20天左右。

2.4　田间管理

　　定植成活后，苗期浇清粪水2次进行追肥，生长期进行3~4次中耕松土，人工拔除田间杂草。在植株生长期还

应进行2～3次中耕松土，促进玛咖根系的发育生长。及时进行人工拔除苗间杂草，避免杂草与玛咖植株争夺养分，影响玛咖的商品品质。

2.5　定植后的水肥应用

定植成活后视墒情在晴天上午适时浇水，严禁雨前灌水，在雨季期间注意排涝。根据苗情追肥2～3次，第一次在肉质根开始膨大时每次每亩施有机肥80～100kg；第二、三次根据生长状况而定，除有机肥外增加适量的磷、钾肥，可以改善根部的生长；氮肥的施用要在植株生长的早期，因氮肥主要是促进茎叶的生长，后期施用氮肥会造成玛咖品质下降，产生苦味。

2.6 留种

根据留种种植气候的不同，7月下旬至9月上旬，当角果初现黄褐时，及时拔除植株，放于大簸箕内，微晒后，将种子抖落，晾干后用通气良好的袋子储藏，保存于通风阴凉干燥的地方。

第三节 采收加工

适时的采收和正确的加工干燥方法对玛咖显得尤为重要，正确的采收加工可获高产且质优。12月下旬至次

年2月中旬，多数植株叶色转黄萎缩后，肉质根已充分膨大，基部圆润，此时即可收获。人工采收时，将根刨出切去叶片，清除泥土和须根，用清水洗干净，准备切片或直接干燥，一般折干率5∶1至3∶1。

3.1 按商品要求加工切片或整个（除去多余须根后）干燥

现一般以40～50℃内烘干，果形、颜色较好。条件不具备的地区直接晒干，商品质量、形态较差。现许多老产区的种植专业户或以村为单位建有烤房，有些烤房的温度不易控制，因为温度超过60℃，玛咖内一些好的营养物质会挥发，影响其品质。玛咖干品以色白，个头均匀，质坚实，不枯心、不空心，断面胶质样，香气浓者为佳。

3.2 包装

用新麻袋或新无色编织袋包装。所使用的麻袋或编织袋应清洁、干燥，无污染，无破损，符合药材包装质量的有关要求。在每件货物上要标明品名、规格、产地、批号、包装日期、种植方位（地块）、生产加工单位，并附有质量合格标志。

3.3 运输

进行批量运输时应不与其他有毒、有害、易串味物质混装，运载容器要有较好的通气性，保持干燥，并应有防潮措施。

3.4 贮藏

仓库要通风、阴凉、避光、干燥，有条件时要安装空调与除湿设备，气温应保持在30℃以内，包装应密闭，以免气味散失；要有防鼠、防虫措施，地面要整洁。存放的货架要与墙壁保持足够距离，保存中要有定期检查措施与记录。

第四节 病虫害防治

4.1 农药使用准则

玛咖生产应从整个生态系统出发，综合运用各种防

治措施，创造不利于病虫害滋生而有利于各类天敌繁衍的环境条件，保持整个生态系统的平衡和生物多样化，减少各类病虫害所造成的损失。优先采用农业措施，通过认真选地、培育壮苗、非化学药剂种子处理、加强栽培管理、中耕除草、深翻晒土、清洁田园、轮作倒茬等一系列措施起到防治病虫和保证品质的作用。特殊情况下必须使用农药时，应严格遵守以下准则。

（1）允许使用植物源农药、动物源农药、微生物源农药和矿物源农药中的硫制剂、铜制剂。

（2）严格禁止使用剧毒、高毒、高残留或者具有三致（致癌、致畸、致突变）农药。

（3）允许有限度地使用部分有机合成农药。

具体操作规则如下：

（1）应尽量选用低毒、低残留农药。如需使用未列出的农药新种类，须取得专门机构同意后方可使用。

（2）每种有机合成农药在一年内允许最多使用1~2次。

（3）最后一次施药距采挖间隔天数不得少于30~50天。

（4）提倡交替使用有机合成化学农药。

（5）在玛咖种植时禁止使用化学除草剂。

4.2 病虫害防治

4.2.1 病害

病害主要有病毒病和根腐病。病毒病为害叶片，被害叶片呈花叶状或卷曲皱缩。防治方法：选择无病株留种，也可对种子播前进行钝化病毒处理，防治介体昆虫；出苗后拔除病枝、清除田间杂草等以减少田间侵染来源。使用腐熟有机肥及药剂防治，强调配合杀细菌剂使用。根腐病为害根部，是玛咖危害最严重的病害之一，发生的主要原因是地下水位高，排水不良，生长期应注意排水。

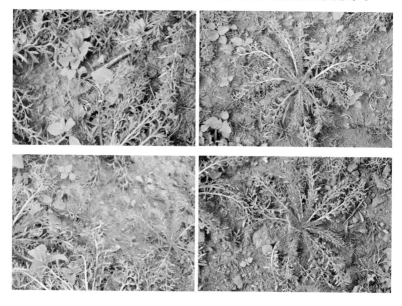

4.2.2　虫害

玛咖虫害主要是蚜虫（萝卜蚜、菜蚜、甘蓝蚜等），其若虫吸食玛咖茎叶汁液。受侵染的茎、叶柄、花轴等初期产生椭圆形、浅褐色病斑，以后上下扩展、凹陷，上生黑色霉状子实体，随即在病部折垂。玛咖植株上以茎、生长点、叶、花轴、果柄等幼嫩部最易受侵染。必

要时应按农药使用准则施用1~2次杀虫剂。

4.2.2.1 蚜虫
【蚜虫习性】

一般温暖干旱条件适宜蚜虫的发生，温度高于30℃或低于6℃，相对湿度高于80%或低于50%，可抑制蚜虫的繁殖和发育。暴雨和大风均可减轻蚜虫的为害。天敌对蚜虫的繁殖和为害有一定的抑制作用。菜蚜虫对黄色有强趋性，绿色次之，对银灰色有负趋性。

【防治措施】

物理防治：利用黄板或黄皿诱蚜或用银灰色塑料薄膜避蚜。

药剂防治：20%杀灭菊酯乳油2000~3000倍液，使用密封大棚等设施栽培时，可用22%杀灭菊酯乳油烟剂熏烟，用药量为7.5kg/hm²。

4.2.2.2 菜粉蝶或小菜蛾
菜粉蝶
【生活习性】

在云南一年发生4~9代，以蛹在秋季危害地附近的墙壁、树干、杂草、土缝等处越冬。

【发生条件】

温度20~25℃，相对湿度76%左右最适于幼虫的发育，高于32℃或低于9℃，相对湿度68%以下，幼虫大量

死亡。

【防治措施】

生物防治：苏云金杆菌（Bt乳剂）500～800倍液，青虫菌800～1000倍液。药剂防治：5%伏虫隆乳油1500～2000倍液，2.5%溴氰菊酯乳油2000～3000倍液进行喷施。

小菜蛾

【生活习性】

在云南年发生4～22代，可终年繁殖。

【发生条件】

适温为20～30℃，温度高于30℃或低于8℃，相对湿度高于90%时，发生轻。十字花科植物种植面积大，复种指数高，发生疫情偏重。

【防治措施】

合理布局，避免连作。及时清洁田园并耕翻。成虫发生期用黑光灯或性诱剂诱杀成虫。用生物防治剂青虫菌（每克含孢子48亿以上）粉剂、苏云金杆菌，加清水稀释500～1000倍液喷雾防治。在卵孵化盛期或2龄幼虫期及时喷雾防治。1.8%阿维菌素乳油水稀释2000～3000倍液。5%定虫隆乳油水稀释1500～2000倍液，可取得满意效果。

4.2.2.3　甘蓝夜蛾、银纹夜蛾

【生活习性】

1年发生1~4代。以蛹在土中滞育越冬，成虫夜间活动，有趋光性，卵产于叶背，单产。初孵幼虫在叶背取食叶肉，残留上表皮，大龄幼虫则取食全叶及嫩荚，有假死习性。幼虫老熟后多在叶背或地表吐丝结茧化蛹越冬。第二年春季气温15~16℃时成虫羽化出土，羽化期较长。成虫昼伏夜出，对糖蜜趋性强，趋光性不强。

【发生条件】

日均温18~25℃、相对湿度70%~80%有利生长发育，温度低于15℃或高于30℃，湿度低于65%或高于85%则不利发生。

【防治措施】

与非十字花科蔬菜轮作。前茬收获后及时翻耕晒土，清除田内外杂草及残株落叶，选用无虫苗移栽。成虫发生期用黑光灯诱杀成虫。20%甲氰菊酯乳油3000～4000倍液，10%氯氰菊酯乳油2000～4000倍液。

4.2.3 病害

4.2.3.1 病毒病

【病　状】

明脉坏死斑点

【病　原】

芜菁花叶病毒、黄瓜花叶病毒、烟草花叶病毒

【发生规律】

病毒可周年循环或在留种株或多年生宿根植物及杂草上越冬。传播：蚜虫传播。侵染：病毒通过蚜虫或汁液接触传染。病毒病的发生和流行与感病时期、气候条件、栽培管理及品种抗病性关系密切。

【防治措施】加强栽培管理，灭蚜防病。

4.2.3.2　霜霉病

【病　　状】

受叶脉所限的黄色病斑叶背密生白色霉层。

【病　　原】

寄生霜霉菌，属真菌鞭毛菌亚门霜霉属。

【发生规律】

越冬：主要以卵孢子在土壤中越冬，在种子表面、种子中越冬，以菌丝体在种株上越冬。

传播：病菌在田间主要通过风、雨传播。

侵染：气孔或表皮直接侵入。

【发病条件】

低温（平均气温16℃左右）高湿有利于病害的发生和流行。与十字花科蔬菜连作或轮作，秋播早种，栽培密度大，发病重。

【防治措施】

合理轮作：药剂拌种：用药量为种子重量的0.3%~0.4%。

喷药防治：发病初期或出现中心病株及时用烯酰霜

脲氯喷雾防治。

4.2.3.3　软腐病

【病　　原】

胡萝卜欧氏杆菌胡萝卜致病变种，属细菌薄壁菌门欧氏杆菌属。

【发生规律】

越冬：病菌主要在留种株及病残体上越冬。

传播：通过雨水、灌溉水和昆虫传播。

侵染：伤口（虫伤、病伤或机械伤）或生理裂口侵入。

【发病条件】

土壤瘠薄、土质黏重、多雨、大水漫灌、害虫为害重、平畦栽培等发病重。

【防治措施】

加强栽培管理，消毒病穴，及时防治地蛆、菜青虫、小菜蛾等害虫。防止烂窖，减少机械损伤，适当晾晒。喷药防治，发病初期及时进行药剂防治。

4.2.3.4　菌核病

【病　　原】

核盘菌，属真菌子囊菌亚门核盘菌属。菌核黑色，鼠粪状。

【发生规律】

越冬：以菌核在土壤、种子、粪肥中越冬。

传播：子囊孢子随气流传播。

侵染：菌核萌发产生子囊盘和子囊孢子，子囊孢子先侵染老叶，病部产生的菌丝体通过病株的接触进行重复侵染，生长后期在受害部位产生菌核越冬。

【发病条件】

温度20℃左右、相对湿度在85%以上、连作、地势低洼、密植、偏施氮肥都易发病。

【防治措施】

轮作或深耕，精选种子，加强栽培管理。

4.2.3.5 黑斑病

【病　　原】

芸苔链格孢，属真菌半知菌亚门链格孢属。

【发生规律】

越冬：以菌丝体及分生孢子病残体、采种株、种子表面越冬。

传播：分生孢子通过气流和雨水传播。

侵染：气孔或表皮直接侵入引起初侵染，在受害部位上产生分生孢子进行多次再侵染。

【发病条件】

一般高湿条件发病较重。

【防治措施】

轮作，种子处理，加强栽培管理。喷药防治：发病初期及时喷雾。

第四章　玛咖的化学成分与药理研究简述

　　20世纪80年代以后，随着人们对玛咖化学成分、药理作用、临床观察的研究，玛咖的神秘功效，如增强人们体力、使人精力充沛、消除焦虑、提高性功能等作用逐渐被揭示。特别是1982年，在联合国粮农组织（FAO）和国际植物遗传资源研究所（IPGRI）等的努力推动下及多次向各国推荐种植和食用玛咖，并指出玛咖是一种营养丰富的安全食物，可以解决多种因营养不足引起的健康问题。1992年联合国粮农组织（FAO）的罗马宣言将玛咖作为一种难得的营养补充剂向世界推荐。1998年南美植物疗法研究所出版了玛咖专著《玛咖——秘鲁药用和营养植物》一书，1999年美国科学家发现了两种玛咖新成分玛咖烯和玛咖酰胺，2001年美国（FDA）通过了玛咖作为保健品进入美国的认证，并将其推荐为航天员执行任务时的必备食粮；同年我国兴奋剂爱运动营养测试研究中心确认玛咖不含国际奥委会禁用成分，作为保健食品得到中国工程院院士肖培根等专家的推荐，2002年中国卫生部正式批准玛咖进入中国，2011年卫生部将玛咖列为新资源食品。

第一节 玛咖化学成分研究

玛咖作为一种优良的保健食品，并且被世界粮农组织推荐为新资源食品。它含有蛋白质、碳水化合物、油脂以及氨基酸、脂肪酸、甾醇、生物碱等成分。其中蛋白质

占干燥物质成分的10.2%，油脂占干燥物质成分的2.2%，碳水化合物占干燥物质成分的49.0%，纤维占干燥物质成分的8.5%，灰分占干燥物质成分的4.8%，粗纤维32.5%。

1.1 蛋白质、氨基酸

对人类而言蛋白质、碳水化合物、油脂以及氨基酸等是我们人类所必需的营养物质，其作为食物已不容置疑。在玛咖中蛋白质比同是十字花科植物的胡萝卜高出许多，更是土豆的5倍。由于玛咖蛋白质与其他作物相比的高含量等，联合国粮农组织（FAO）建议人们食用玛咖以改善营养不良的症状。

玛咖中含有18种氨基酸，一些种类的氨基酸是增强体力、抗疲劳、提高生育能力等的生理活性物质，例如：

组氨酸和精氨酸具有血管扩张作用，可增强性器官的血液流动，使男女在性生活中更易达到高潮。且大多数氨基酸都具有很高的营养价值。玛咖蛋白质种类主要有：白蛋白约占蛋白质种类的74%，谷蛋白约占蛋白质种类的15%，醇香白蛋白约占蛋白质种类的10%。

玛咖中具有18种氨基酸。每克玛咖蛋白质中含谷氨酸156.5mg、精氨酸99.4mg、天冬氨酸97.1mg、亮氨酸91.0mg、缬氨酸79.3mg、甘氨酸68.3mg、丙氨酸63.1mg、苯丙氨酸55.3mg、赖氨酸54.5mg、丝氨酸50.4mg、异亮氨酸47.4mg、苏氨酸33.1mg、酪氨酸30.6mg、甲硫氨酸28.0mg、羟脯氨酸26.0mg、组氨酸21.9mg、肌氨酸0.7mg、脯氨酸0.5mg。

1.2 脂肪酸

玛咖的脂肪酸中α-亚麻酸约含21.98%。α-亚麻酸、亚油酸对人类心血管病的防治有很大帮助。玛咖根中脂肪的含量与十字花科其他作物比是较高的。在其脂肪酸中：饱和脂肪酸占40.1%，不饱和脂肪酸占52.7%，饱和脂肪酸/不饱和脂肪酸=0.72。脂肪酸主要成分为：十二烷酸（月桂酸）0.8%、7-十三碳烯酸0.3%、十三烷酸0.1%、十四烷酸（豆蔻酸）1.4%、7-十五碳烯酸0.5%、十五烷酸1.1%、9-十六碳烯酸（棕榈油酸）2.7%、十六烷酸（软脂酸）23.8%、9-十七碳烯酸1.5%、十七烷酸1.8%、9,12-十八碳二烯酸（亚油酸）32.6%、9-十八碳烯酸（油酸）11.1%、十八烷酸（硬脂酸）6.7%、11-十九碳烯酸1.3%、十九烷酸0.4%、15-二十碳烯酸2.3%、二十烷酸（花生酸）1.6%、二十二烷酸（山嵛酸）2.0%、15-二十四碳烯酸（神经酸）0.4%、二十四烷酸（掬焦油酸）0.4%。

1.3 甾醇

玛咖中含有丰富的植物甾醇及衍生物，研究证明植物甾醇对有高血脂的鸡进行喂饲有降低血脂的功能。相关调查资料显示：植物甾醇摄入较多的人群得良性前列腺肥大、冠状动脉硬化、心脏病等慢性病的发病率较低；许多国家已把植物甾醇应用于人类慢性病的预防。

玛咖根中含有丰富的甾醇及其衍生物。以甲酯形式存在的谷甾醇为其主要成分，占45.5%，菜油甾醇占27.3%，麦角甾醇占13.6%，菜籽甾醇占9.1%，麦角二烷醇占4.5%。

1.4 矿物质、维生素

玛咖中矿物质及维生素可以补充人们矿物质及维生素方面的缺乏症，一些种类的矿物质有着特殊的生理功能，而维生素类是人类新陈代谢、免疫系统正常运转所必需的。另外对玛咖中玛咖烯和玛咖酰胺等生物碱的药理研究发现：这一类物质对提高小鼠生育能力、性功能效果显著。玛咖醇提取物中含有维生素C（干根提取物中含

7.0%）、类胡萝卜素（0.85%）、类黄酮（0.55%），能够起到抗氧化作用。

玛咖中还含有多种矿物质；其100g干燥物中含铁Fe 16.6mg、锰Mn 0.8mg、铜Cu 5.9mg、锌Zn 3.8mg、钠Na 18.7mg、钾K 20.5mg、钙Ca 150mg、磷P 265mg、硫S 309.2mg、镁Mg 9.203mg、锶Si 7.6mg、硼B 1.9mg等。

在玛咖每100克干燥物中含有维生素B_1 0.66mg、维生素B_2 0.53mg、维生素B_5 40.5mg、维生素B_6 0.5mg、维生素B_{12} 62.5mg、维生素C 0.66mg、维生素A 0.07mg。

1.5 生物碱

近年在玛咖的研究中陆续发现其具有某些生物碱类成分。其中主要是玛咖烯（maceaene）和玛咖酰胺（mecamide）、玛咖咪唑生物碱：独行灵碱A（1，3-二甲苯基-4，5-二甲基-咪唑啉氯酰胺）和独行灵碱B（1，3-二甲苯基-2，4，5-三甲基-咪唑啉氯酰胺）。另外还含有N-苄基辛酰胺、N-苄基-16-羟基-9-氧化-10E，12E，14E-辛葵三烯酰胺、N-苄基-16羟基-9，16-二氧-10E，12E，14E-辛葵三烯酰胺等17种玛咖烯和玛咖酰胺的同系物。这些生物碱种类多、结构特殊，其中玛咖烯和玛咖酰胺在玛咖提取物中的含量占到0.6%。

1.6　芥子油及其他挥发油

但芥子油苷是十字花科特有的生物活性成分，玛咖中含有的苄基芥子油苷和苄基异硫氰酸，能改善记忆和男性的性能力，还具有抗肿瘤作用；苄基芥子油苷和间甲氧基苄基芥子油苷对很多肿瘤尤其是胃肠系统的肿瘤具有良好预防作用，烯丙基异硫氰酸酯和苯基异硫氰酸酯对肺部肿瘤转移具有抑制作用。但玛咖抗癌的活性成分是否为芥子油苷及其分解产物还没人专门去研究。有研究人员研究了玛咖对前列腺癌的预防作用，结果表明红色玛咖能够显著减少大鼠前列腺的长度，同时可以阻止由睾丸激素庚酸盐诱导的前列腺增生。另有研究表明用玛咖中新发现的生物碱——咪唑生物碱 lepidiline A 和 lepidiline B，进行了体外抑制癌细胞试验，结果发现 lepidiline A 仅能对人卵巢癌细胞 FDIGROV 具有抑制作用（ED50 7.39μg/mL），而 lepidiline B 则显示了对多种癌细胞的细胞毒性包括人膀胱癌细胞 UMUC3、人胰腺癌细胞 PACA2、人胸腺癌细胞 MDA231 以及人卵巢癌细胞 FDIGROV（ED50分别为 6.47、1.38、1.66 和 5.26μg/mL）。但两者对人肺癌细胞 A–549、人大肠癌细胞 HT-29、人前列腺癌细胞 PC-3 以及人肾癌细胞 A4982LM 均没有抑制活性。由于玛咖中芥子油苷及其 lepidilineA、lepidiline B 在体内抗癌的研究还没有开展，因此对玛咖抗癌的实际效果还有待考证。玛咖的独特风味和对一些昆

虫的抗性与其芥子油、挥发油的物质成分密切相关；其中的一些成分有一定的抗菌和抗虫功效。

玛咖根、种子等器官中都含有芥子油，新鲜根中芥子油的含量可达到1%。玛咖中的芥子油种类主要为烯丙基芥子油苷、对苯酚基芥子油苷、邻苯酚基芥子油苷、苄基芥子油苷、吲哚-3-甲基芥子油苷、对甲氧基苄基芥子油苷、4-甲氧基吲哚-3-甲基芥子油苷等。

玛咖植株地上部分还含有苯基乙腈、甲氧基苯基乙腈等53种挥发油。这就是玛咖闻起同十字花科的小红萝卜气味非常相似，尤其是干燥后磨成粉，在气味上二者有相似的特殊气味的原因。

第二节 玛咖的药理研究

近年来,玛咖由于市场销售前景非常好，人们对其药理作用研究也有进一步深入；很多玛咖的传统功效被药理研究所科学地验证与证实。传统功效有提高生育力、增强性功能、增强精力和耐力、抗癌、抗骨质疏松等；还发现玛咖具有抗氧化、抗菌等活性。

2.1 增强体力、抗疲劳

在对人类1680例精神不振，易疲劳者临床服用玛咖30天后的观察中，消除疲劳有效率为92.2%。在喂饲小

鼠玛咖和不喂饲玛咖的游泳对比试验中，喂饲玛咖组游泳时间平均可延长到1463秒，而对照组的时间则平均为886秒。将小鼠放入低温水池中一段时间，计算其体温恢复至正常温度的耗氧量，玛咖组耗氧指数为86，而对照组则为98，具有非常明显差异。

喂饲玛咖干粉能显著延长小鼠的负重游泳时间，降低小鼠血清尿素的产生，增加小鼠肝糖原的储备量，对小鼠运动中血乳酸上升具有显著的抑制作用，并对小鼠运动后血乳酸消除具有显著的促进作用。有人推测这可能与玛咖中高蛋白、高含量的支链氨基酸、矿物质锌、果糖等具有抗疲劳作用的物质有关。相关研究还表明通过喂食玛咖可以对抗血糖降低。还证明玛咖可以通过削弱束缚应激而恢复体内平衡，研究采用大鼠冷束缚应激溃疡模型评价了玛咖甲醇提取物对抗压力的活性，指出玛咖提取物能够削弱甚至消除由压力导致的体内平衡的变化，指出玛咖提取物能减少或者消除压力诱导的溃疡，提高肾上腺酮水平，

以及恢复由压力导致的血糖水平降低、肾上腺重量增加等，同时它能消除压力导致的血浆FFA降低。

另外在玛咖与其他复配物（西洋参）合用下，对小鼠细胞

免疫功能、体液免疫功能、巨噬细胞吞噬功能以及 NK 细胞活性均有提高作用，单独的玛咖干粉在增强免疫方面的功效并不显著，仅对增强细胞免疫上具有一定功效，但玛咖可以协同西洋参总皂甙发挥更好的增强免疫功效。

2.2 坚固免疫系统，改善亚健康状态

玛咖（MACA）中的生物碱成分具有抗菌、抗病毒、抗凝血、镇痛、抗炎症、抗肿瘤和抗心血管疾病等作用，因而可用于免疫功能下降、更年期综合征、子宫肌瘤、乳腺增生、慢性心脑血管病等。随着科学的不断发展，环境污染严重、生活节奏快、精力透支、工作压力大、不良生活习惯、身体锻炼日趋减少等各种因素使得现代社会亚健康状态人群普遍存在。玛咖全面均衡的营养成分和独有的活力物质，能有效坚固免疫系统，改善亚健康状态。

在喂饲小鼠玛咖和不喂饲玛咖的12小时内连续电击4次小鼠的试验中，喂饲玛咖组压力减轻系数指数为分别为19、21、22、19，对照组则为28、37、37、32。实验24小时后，玛咖组的压力指数已接近0。对照组则为13；减轻压力的效果非常明显。

2.3 恢复女性正常经期，改善男女性功能

目前认为玛咖中的玛咖烯（maceaene）和玛咖酰胺（mecamide酰胺类生物碱）是玛咖提取物中具促进性功能

的有效物质之一。这一类物质的功效是通过激活调节人体的钙、磷代谢的钙激素以及具有重要生理作用的甲状腺激素，提高成熟卵泡小体的数量；玛咖中的一些生物碱对动物生殖系统的激素变化有作用，这些生物碱作用于下丘脑和脑垂体来调节内分泌腺。例如：调节肾上腺、胰腺、性腺等器官的激素分泌，使其恢复到一定的水平。从而提高成熟男性的性欲和增强勃起的功能，配合精氨酸和果糖的作用，扩张血管，增加性器官的血液流动，促进精子快速流动，从整体上提高中年男性的生育能力。

玛咖还可以用于缓解更年期综合征中的骨质疏松症状。对绝经后妇女的荷尔蒙平衡有帮助。在对女性340例经期不规律者使用玛咖提取液后恢复正常经期的有效率为88.7%。

对1120例缺乏性欲者使用玛咖提取液后性欲增强有效率为94.6%。对660例性功能障碍者使用玛咖后性功能

增强并改善，有效率为75.65%。此外，对服用玛咖的雄性鼠有关性行为的实验参数，如跨骑、交配潜伏期、射精潜伏期、射精后潜伏期、射精至再次交配的时间、交配频率、交配间隔期、交配效能等，均有明显的改善。

但是玛咖中的什么物质在以上结果中起作用还需要进一步验证，至今没有更进一步的研究能将玛咖改善性功能的基础物质确定。

2.4 提高生育率

在猪饲料中加入6%~10%的玛咖后，其产崽率提高36%~45%，出生重量提高40%~73%。用玛咖生物碱提取液喂小鼠可以使雌鼠成熟的卵泡小体成倍增加，雄鼠精子产生数也大量增加。成年雄性大鼠喂饲玛咖根的水提物，可以增加睾丸和附睾的重量。近年研究还表明玛咖对雌雄哺乳动物，甚至对人的生育力确实具有促进作用，而且是对男性女性均有作用；研究人员研究了玛咖粉对雌鼠血清中雌二醇、孕酮水平以及胚胎植入率的影响，结果发现服用玛咖显著增加雌鼠孕酮水平；但对雌二醇和胚胎植入率都没有显著变化（影响）。玛咖水提物对雄性大鼠睾丸及其附睾具有增重作用，精囊虽然没有增重，但生精小管的第Ⅸ~ⅩⅣ阶段（有丝分裂发生阶段）的长度和频率都增长，从而刺激雄鼠的精子发生。人体试验中，通

过精液分析发现服用玛咖可以增加每次射精的精液量、精子数量、活动精子数、精子活力，但血液中激素LH、FSH、PRL、T、E2没有因为服用玛咖而改变。玛咖乙醇提取物能够激活雄性大鼠精子发生的发作和进行，但是不影响睾丸激素水平。

由于玛咖是纯天然的，且含有丰富的蛋白质、氨基酸、脂肪、糖原等营养成分，能够有效地补充能量。这些营养元素协同作用于人体，尤其是对处于亚健康状态人群、更年期妇女等，恢复健康有很好的调整作用，其功效较为明显，在改善性功能和内分泌方面常表现在女性出现二次发育，胸部挺翘，女性特征明显。能够让中年男性的内分泌系统恢复平衡，从而有效对抗衰老，使男性体力充沛，精力旺盛，性能力得到大幅提高。

2.5 抗氧化、降血脂、防止动脉硬化

美国Aibany医科大学心血管研究中心的Manuel Sandoval等人研究结果证明，玛咖多糖具有显著的抗氧化作用，充分证明了玛咖具有清除自由基，保护细胞免受氧化的作用。临床实验显示，高血脂患者服用玛咖一段时间后，血液中胆固醇、低密度脂蛋白（LDL）和甘油三酯与对照组对比，有显著下降，这是因为玛咖中多不饱

和脂肪酸，亚油酸和亚麻酸含量较高（分别达到18.5%和8.87%）。亚油酸在体内与胆固醇结合成酯，易于将胆固醇转运至血管外组织，减少血管内胆固醇的沉积，并促使胆固醇转化为胆汁酸而排出。

在对高血脂人群服用与未服用对照观测中：服用患者血液中胆固醇、低密度脂蛋白、甘油三酯都有显著性下降。

2.6　防癌抗肿瘤

玛咖（MACA）中含有芥子油苷、异硫氰酸苄酯等含硫有机化合物，多种不饱和脂肪酸和维生素C具有抗癌效果，对胃癌、食道癌、肺癌、白血病等均有抑制作用。

2.7　促进新陈代谢，保肝护肝

玛咖（MACA）中含牛磺酸、谷氨酸、精氨酸、植物多酚等物质，具有提高肝脏代谢的功能，能加速乙醇和乙醛的代谢，防止酒精中毒，加速体内重金属、农药残留的排泄，对脂肪肝、酒精肝、肝纤维化、高血糖等有防治作用。

2.8　补血补钙, 增强肌肉的运动能力

玛咖生长的高海拔、氧气稀薄的自然环境使其含有较高含量的铁，同时玛咖富含蛋白质、氨基酸、钙、维生素B_{12}等营养成分，对缺铁性贫血、骨质疏松有很好的作用。

玛咖中含有均衡的营养物质和活性成分支链氨基酸、植物类固醇、甾醇等物质。所以，它对增强肌肉耐力和力量，抵抗运动性疲劳，减少肌肉分解和运动性贫血具有显著的功效，可以替代国际禁止运动员使用的合成类固醇兴奋剂而对人体不产生副作用。这一作用受到了广大运动员和体育爱好者的青睐。长期服用可以有效地提高运动员的竞技水平，迅速消除疲劳，降低运动损伤，挑战人类运动的生理极限。

第五章 应用与开发

第一节 玛咖的加工规格

玛咖自21世纪初开始在云南西北部的高海拔地区种植。由于玛咖具有多种独特保健及药用价值，其各种加工制品不断涌现。从传统的玛咖产品（玛咖干个、玛咖干片、玛咖粉），用于煲汤、炖菜、泡酒、磨粉；现在生产加工的各环节有关厂家纷纷采用目前世界上最为先进的生产加工技术，并与滋补药品（食品）配伍，生产出各种玛咖的有关制剂产品。如采用较为先进的液氮低温瞬间冻干技术切制加工成冻干片，超临界植物萃取技术和低温高速气流粉碎技术，将玛咖打成超细粉，然后压制成各种片剂和异型片。这些生产加工方法能更加有效最大限度保持玛咖中各种有效成分与活性元素。用这些先进技术生产的玛咖片、玛咖胶囊、玛咖酒、玛咖饮料等产品在市场上出现。随着玛咖种植规模的不断扩大，加工工艺的发展进步，玛咖与各种滋补药品的配伍产品在市场上日趋丰富；玛咖片剂、口含片，玛咖胶囊、玛咖复方保健品等等，现玛咖产品已超过百种；产品产值早已过亿。在玛咖产品中最简单的方法是将玛咖干粉装入胶囊，胶囊有不同大小规格的包装。不论什么包装一般认为日服量为3～6g。玛咖片剂是用玛咖粉经过压制成片状。另外还有玛咖液体提取物的制剂。在玛咖复方保健品中常用玛咖与刺蒺藜、淫羊藿、育亨宾、虫草等进行配伍而达到不同的保健及治疗效果。

　　现市场销售的玛珈有秘鲁、美国、英国、法国、荷兰、瑞士、西班牙、加拿大、日本、澳大利亚及中国等生产的数十种产品；其产品大多以保健食品的形式销售。玛咖迅速成为国际医药保健品市场中的一颗新星，受到广大消费者尤其是中老年人群、体育运动员、健美爱好者、女性更年期综合征患者的广泛喜爱。在加工工艺中许多国家为使自己生产的加工产品能够保存更多的有效成分和有效成分能够被更好地吸收，都有自己的各种加工专利。未经深加工的普通玛咖吸收率不到30%，而经过深加工的吸收率超过80%，例如：提纯后的玛咖胶囊采用糊化等技术，以玛咖精粉为原料提纯后生产的玛咖胶囊功效成分含量明确，吸收率可以高达98%。因此，玛咖价值和功效的提升都依赖于玛咖深加工技术的提升。

第二节 玛咖的产品种类

玛咖最佳采收期：在云南为12月中旬至次年元月中旬，收获过早过迟都会影响玛咖产量和品质。采挖过早，玛咖的干物质和有效成分积累不足，采挖过晚，玛咖的营养成分开始转化，容易出现空心、木质化，因此，一定要掌握好玛咖的采收时间。选择晴天，小心挖出全株，尽量不要挖烂，用小刀切除地上部分，清除泥土和须根，用水清洗干净。鲜品不能长时间堆放，也不能堆放在露天遭霜冻，这样会使其霉烂、变质；把收割的新鲜的根放在烤房中烘烤或者自然晾干，切成约0.2cm厚片状或直接以块根在阳光下晒干或在烤房中，装盘进行干燥；玛咖的初级加工产品有：玛咖（鲜个）、玛咖（干个）、玛咖（干片），作为初级产品在市场上销售；有些紫色、黑色、红色的较高档商品玛咖在加工过程中，半干时，为了美观与便于干燥，将玛咖在茎基部下沿处，用锋利小刀对膨大部分向下切划深约0.5cm切划痕，宽0.3～0.5cm，切划痕顺着玛咖形状切至主根处，以不要切断头尾部为准，将整个玛咖划8～12刀。然后进行干燥，边干燥边搓揉，将玛咖恢复成原来形状，减少了表面褶皱斑纹，增加坚实质地，使其成为玛咖家族中的高档商品。这种经过干燥的玛咖可以贮藏上好几年，在玛咖初级商品的基础上又生产加工成各种玛咖的有关制剂产品。

第三节 玛咖的应用

玛咖主要富含各种营养成分，是提供人体必需营养物质和能量转化的高海拔地区农作物产品。主要富含蛋白质、多种氨基酸、淀粉，以及丰富的矿物质锌和铁、维生素等。在玛咖的食用研究过程中，人们发现其具有增强精力、提高生育力等方面的传统功效。在应用于风湿症、呼吸疾病、抑郁症、贫血症、骨质疏松症、癌症、女性更年期综合征等病症的治疗方面也显示了肯定的疗效。于是人们用传统的方法对玛咖干燥和先进的科学方法处理后，单独或与有关中药配伍制成各种品质档次的玛咖片剂，胶囊、浓缩口服液及玛咖复方保健品等千姿百态的玛咖产品。

在食用方面：把干燥的玛咖浸泡于水中，水煮至变软。这些水煮变软的根经液化后可用于制备果汁、鸡尾酒、粥和果酱；也可以用水或牛奶煮熟食用。干燥的玛咖还可以加工成玛咖粉后做面包和饼干，而玛咖叶可以制成茶叶，鲜叶由于其特殊滋味还能用于沙拉或放入盐、辣椒等腌制成咸菜。中等大小的黄色、紫色玛咖根最受当地人的喜爱，因其中纤维含量低，更脆更甜更富营养成分。长期食用玛咖的当地居民身体强壮，对疾病的抵御力强，他们通常把玛咖鲜根与肉或其他蔬菜一起炒熟食用，把玛咖根与蜂蜜和水果一起榨成汁作为饮料。玛咖特殊的环境和气候条件，造就了玛咖绿色食品和有机食品，深得人们的

喜爱与青睐。

玛咖还有多种可能影响其功效的次生代谢物质，尽管这些物质与所包含的营养物质相对含量低，但很可能就是玛咖的功效物质。这些次生代谢物质有待科学研究过程中提示研究成果来证实玛咖的功效。例如：在玛咖的各种功效中是营养物质在起主要功效作用还是次生代谢物在起主要功效作用？还是典型的生物碱或者芥子油苷在起作用？玛咖是否为传统的提高生育力还是提高性功能？玛咖所含的很多物质都尚未证实在玛咖某项功效上起到作用，但能验证玛咖功效物质的关键问题还有待于未来的科学研究成果予以证实。

主要参考文献

[1] 中国科学院中国植物志编辑委员会.中国植物志（第三十三卷）［M］．北京：科学出版社，1987

[2] 中国科学院昆明植物研究所编．云南种子植物名录（上册）［M］．昆明：云南人民出版社，1987

[3] 国家中医药管理局《中华本草》编委会．中国本草（第三册）［M］．上海：上海科学技术出版社，1999

[4] 肖培根，刘勇，肖伟．玛咖——全球瞩目的保健食品［J］．国外医药：植物药分册

[5] 余龙江，金文闻主编．国际良种——药食两用植物 MACA［M］．武汉：华中科技大学出版社，2003

[6] 余龙江，金文闻，李为，等．南美植物玛咖的研究进展［J］．中草药，2003（2）

[7] 余龙江，金文闻．玛咖干粉的营养成分及抗疲劳作用研究．食品科学，2004，25（2）

[8] 张永忠，余龙江，金文闻，等．玛咖多糖抗氧化保健作用研究．食品科技，2005（8）

[9] 余龙江，孙友平，程华，等．玛咖在中国独行菜属中的定位．西北植物学报，2004，24（10）．

[10] 杨少华，李国政，薛润光，等.云南玛咖产业发展现状及促进对策分析．世界科学技术中医药现代化，2012，14（4）

[11] 国庆，郭承刚，杨少华，等．不同密度与施肥水平对玛咖产量的影响．江西农业学报，2010，22（9）

[12] Dini A, Migliuolo G, Rastrelli L, et al. Chemical composition of *Lepidium meyenii* [J]. Food chemistry, 1994, 49 (4)

[13] Bermejo H, Leon J. Neglected crops: 1492 from a different perspective [R]. Plant Production and Protection Series NO. 26, FAO, Rome, Italy. 1994